Mystérieux Chat Noir
Symboles & superstitions
by Nathalie Semenuik

This Japanese edition was produced and published in Japan
in 2023 by Graphic-sha Publishing Co., Ltd.
1-14-17 Kudankita, Chiyodaku,
Tokyo 102-0073, Japan

月夜の黒猫事典

〜知られざる歴史とエピソード〜

g

SOMMAIRE 目次

はじめに 7

8

受難の歴史 8

猫は神の化身 10
　とても役に立つ動物 15
中世の災い 16
　魔女狩り 24
　野蛮な祭典 27
少しずつ人気者に 34
　近代 40
　現代 43
　オンリーワンの猫、ミックス（雑種） 52
　脚光を浴びて 54
　歴史上の人物 55
　キャバレー“黒猫” 58

60

伝説の猫 60

ブルターニュの猫 62
サン=カド(聖カド) 64
コンブール城の黒猫 68
エメラルド海岸の妖精 72
"金を生む猫" 76
猫は9回生きる 80

86

民間伝承と迷信 86

人間と迷信 88
迷信の核心にいる黒猫 90
黒猫の痕跡 92
矛盾だらけの色 94

黒猫は不幸の象徴 98

黒猫　悪魔の下僕？悪魔の化身？ 98

黒猫と死 104

黒猫、魔女たちのお供 106

黒猫、不吉の前触れ 109

幸福のマスコット 110

フランス＆ヨーロッパ 110

日本と招き猫 114

イギリス 117

アメリカ 118

他の国々 120

海の猫たち 122

猫、船乗りたちの友 124

船のマスコット 125

フランスの船乗りたちの恐れ 128

悪魔祓いと治療に関する効力 130

「良く言われようが、悪く言われようが、
大事なのは話題にのぼること」

レオン・ジトロン

AVANT-PROPOS

はじめに

一

もしも黒猫が話せたら、きっと彼らもこんな風に言うでしょう。

「良く言われようが、悪く言われようが、大事なのは話題にのぼること」。

黒猫のキラッと刺すようなまなざしは、実際はなにも起こらないと分かっていても強迫観念となり得、不幸を暗示していると考える人がいます。その一方で、黒猫はもっとも美しい生き物で、善を意味し、幸福を運ぶと考える人もいます。これはどういうことなのでしょうか?

ヨーロッパの猫の中には、一般的に“雑種”と呼ばれる黒い被毛を持った猫がよくいますが、LOOF(Livre Officiel des OriginesFelines/フランスのネコ科の起源公式登記帳)に登録されている純血種の黒猫もいます。そのスタンダード(理想像)は厳しい審査基準を満たしており、誰も魔女の生まれ変わりだとも、悪魔ルシファーの化身だとも思ったりはしません!

政治家や芸術家、映画人や演劇人たちは、“悪魔的な”黒猫と一緒に、地獄とは似ても似つかない時を過ごしました。また、イラストレーターや画家も黒猫を描き、性格的な特徴や気立てのよさを表現しています。その表現はさまざまですが、決して不吉な猫としては描かれていません。

19世紀後半、パリの有名なキャバレー“黒猫(シャ・ノワール)”が、モンマルトルのふもとにオープンしました。黒猫をシンボルにしたこの店は、すぐにパリの名士が集う場所となり、芸術家や知識層、政治家たちが、黒猫の陰気なイメージなどものともせずに訪れたのです。

世界各国の黒猫にまつわる歴史や伝説を読み進めるにつれ、黒猫は他の猫とは違う存在であるとお分かりいただけるでしょう。

UNE HISTOIRE TOURMENTÉE

受難の歴史

黒猫は、平凡どころか尋常ではない歴史を経験し、
数世紀にわたって、ごく頻繁に不運に見舞われ、
その生涯は災難に彩られていました。
黒猫の一生と比べたら、
『レ・ミゼラブル』のコゼットの人生は、
まるで妖精のおとぎ話のようにさえ感じます！
黒猫について語るとき、文字通り、とても
“特別な猫”だと言うべきなのでしょうか？
世界中各地で黒猫の身に降りかかった災難と幸運を
知ったなら、やはりそう思えるかも知れません。

LE CHAT, INCARNATION DES DIEUX

猫は神の化身

—

エジプトは代表的な猫の国です！
まずはその狩りの能力を買われ、猫は、エジプト神話に登場する
女神、バステト女神として神格化されました。
古代エジプトでは、被毛の色にかかわらず猫は崇拝され、
護られたのです。

猫の家畜化に関する資料は限られています。古代エジプト人が飼い猫として飼いならし始めたと言われていますが、昨今の研究によると、猫と人間の密接な関係は、もっと早くから始まったものだと思われます。キプロス島では、およそ1万年前の墓に、人間が、野生の猫とともに埋葬されているのが発見されました。ですが、本当の意味での家畜化が行われたのは、約4000年前の古代エジプト時代です。

猫は元々、ナイル川のデルタ地帯に生息していた野生動物で、鳥、ネズミ、ヘビなどを獲っていました。エジプト人はこの動物が、素晴らしい仲間になりえるのではないかと考えました。ナイル川が増水す

古代のペットである猫は、
ネズミやヘビから
人間を守ってくれる仲間になった。

る度に畑や穀物庫を襲い、農作物を食い荒らすネズミを退治するのにうってつけだと。主にこうした理由から、人間は猫を飼い始めたのです。しかも猫はヘビも殺すので、家の周りの安全をより確かなものにしてくれました。猫が家で飼われるようになり、ペットとなったのは、このようないきさつからです。

役に立つ動物というのはもちろんですが、いかなる色であっても、猫は**聖なる動物**でした。闇夜に光る猫の眼は太陽神ラーを思わせ、神の化身だと見なされ、多産と母性のシンボルである守護女神バステトとして像が作られました。ロベール・ドゥ・ラロシュは、Enchatclopédie（猫の百科事典）』（2010年Archipel社刊）の中で、紀元前1500年頃に書かれた文献、「太陽の眼の謎」を引用し、エジプトの猫の起源について次のように記しています。「骨肉の争いで大勢のエジプト人が死ぬのを見かねた太陽神ラーは、自分の娘の1人（ラーの片方の眼）である“太陽の眼”を地上に遣わした。太陽の眼はヌビア砂漠［エジプト南東部からスーダン北東部にかけて広がる砂漠］で、血に飢えたライオンの姿をした狂女となり、狂女は人々を落ち着かせるどころか大量虐殺をそそのかした。これを阻止するために、ラーは戦いの神であるオヌリスを急いで遣わし、残忍なライオンをやさしい雌猫に変える役目を負わせた。こうしてバステトは誕生した」。

バステトは雌猫の姿をしていて、金やブロンズ、骨、木、テラコッタのアクセサリーを身につけています。あるいは、猫の頭部を備えた女性の姿をしていて、片方の手にはシストルム［悪霊を寄せつけない打楽器］を、もう片方の手には籠を持っています。当時、猫を殺すと死刑に処せられました。また、裕福な人々と同じように猫は丁重に扱われていました。猫が死ぬと、その亡骸は時の風化から防ぐためにミイラにされたのです。バステト崇拝の中心地であったブバスティス［エジプトのナイルデルタ地帯の南東部ザガジグ市の近くにあった古代都市。現テルバスタ］の町では、ミイラ化した猫の墓がたくさん発見されています。

「Au temps des pharaons［ファラオの時代］」／アントワーヌ・ロシェグロ 1887年、ゲント美術館所蔵

歴史上のあるエピソードは、古代エジプト人の猫に対する崇拝をよく物語っています。紀元前525年、ナイル川の最も北東に位置するペルシウムの町［現テルフラマ］は、ペルシャ王カンビュセス2世［在位、紀元前529年頃〜紀元前522年］の軍に包囲されました。何度も襲撃しては失敗に終わり、王はある作戦に頼ることにしました。

兵士たちに猫を捕獲させ、カタパルト［石、矢、槍などを打出す装置（射出機）］で町に投げ込むよう命じたのです。このような冒涜に直面し、ペルシウムの町の人々は降伏したと言います。

エジプト人が黒猫を災いのサインと見なすようになったのは、紀元前８世紀にエチオピア人に侵略されたときから。黒という色はエチオピア人の皮膚の色だと見なされていました。"エチオピア"とはギリシャ語で"日に焼けた顔"を意味します。不幸を招くこの色は、兄のオシリス［地獄の神、死者の審判人］を殺した悪の神セトを暗示します。

彩色されたデスマスクで顔を覆われた猫のミイラ。下時代（紀元前664～紀元前332年）。サイズ：39cm×10cm。パリ、ルーヴル美術館所蔵。

Un animal bien utile
とても役に立つ動物

古代エジプトでは猫の輸出は禁止されていたものの、マケドニアやフェニキアの一部の商人は、猫を盗むなり買うなりして、ギリシャやクレタ島、イタリアの裕福な市民に売っていたと思われます。ギリシャ人は当初、猫を重宝な協力者とは見なしておらず、むしろペットという扱いでした。なぜなら、ネズミ退治にはイイズナ（コエゾイタチ）がお決まりだったからです。でもすぐに、猫がその座を奪いました。イイズナと違って、猫は家畜を襲わなかったからです。

古代ローマ軍がエジプトを征服した結果、猫はローマ帝国全土に輸出されます。フェーリス（felis）またはカトゥス（catus）と名づけられた猫は、値の張る動物で、元々は富裕層のペットでした。やがて、猫を飼う習慣は社会のすべての層に広がります。猫は月の女神ディアーナと関連づけられ、家の番人として食料や備蓄をネズミから守りました。古代ローマの軍団の中には、自主性のシンボルとして、猫の像を幟（とばり）に施すものもありました。

そして、古代ローマ帝国の拡大により、猫は地中海沿岸地域およびヨーロッパの内陸部に広がり、5世紀の終わりにはヨーロッパ全土に棲むようになります。

LES MÉSAVENTURES MÉDIÉVALES

中世の災い

—

中世……この時代から、黒猫は悪魔だというイメージが
形成され始めます。異端を恐れたキリスト教の教会が、
王権の承認を得てこれを後押ししたのです。
ただし、物事は少しずつ成されていきました……。

黒猫が妖術や悪魔と結びつけられたのは、中世からだと裏づけられるとしても、黒猫と魔女のつながりは、はるか昔にまでさかのぼります。実際、伝説によると、エトルリアの闇と夜の女神ディアーナは、ルシファー［堕天使の長。サタン、悪魔と同一視される］と恋に落ちますが、彼は猫……黒猫を飼っていました。この２人の間には、アラディアという娘が生まれます。夫婦は娘を地上に遣わしますが、その際に、人々に黒魔術を教えるために黒猫を同行させます。こうしたわけで、アラディアは妖術の女神として見なされました。黒猫が妖術と関連づけられたのも、明らかにこのためです。また、北欧神話には、フレイヤという女神が存在します。北欧の国々がキリスト教に改宗した後は魔女

と見なされますが、フレイヤは猫に引かせた車で移動するのです。

いずれにしても、状況は少しずつ変わっていきました。黒猫は突然に、私たちが思い描くような邪悪な動物になったわけではないのです。異教崇拝（原始宗教）が消滅し、キリスト教が発展したとはいえ、猫が即座に排除されたわけではありません。中世のかなり長い期間、その狩人としての才能ゆえに、猫は相変わらず好まれていました。

ヨーロッパにおいて、黒猫への恐怖が実際に芽生え、妖術との関連が公然と言われるようになったのは、13世紀からです。ヒキガエル、ネズミ、ヘビといった他の動物も悪魔の化身として類別されました。それにしても、なぜ黒猫が？ ミシェル・パストゥロー

“ 忘れてならないのは、
黒という色は、
喪、死、暗闇を暗示する色
だということです ”

(MichelPastoureau) 著『Bes_iaires du Moyen Âge (中世の動物誌)』(2011年Seuil社刊) に、いくつか説明がなされています。「黒猫はしかも闇でも目が見える。これは、オオカミ、キツネ、フクロウ、コウモリなど、地獄の生き物の特性である。その目は薄明りの中で光り、消し炭のように燃える。ところで、よきキリスト教徒である者は、夜は目を閉じて眠らねばならない。眠らない者は、悪をなすか、魔法を実践するか、あるいは異端の儀式を行う。黒猫を夜の集会のスターにするカタリ派信者のように……」。

「Métamorphose de chats en sourcières
(魔女に変身する猫たち)」/
テオフィル・アレクサンドル・スタンラン、19世紀

忘れてならないのは、黒という色は、喪、死、暗闇を暗示する色だということです。また、悪霊は、よく黒で表現されます（P.94参照）。

この時代、キリスト教は西洋社会の概念を作り上げていきました。これはとりわけ、ローマ教皇を中心に組織された、カトリック教会の権力が強くなったことによります。12世紀の末には、異端（カタリ派、ヴァルドー派、アルビ派など）に恐れをなした教会は、いわゆる妖術や黒魔術、悪魔崇拝を行うセクト（宗派）との闘いに挑むべく、国王の承認を得て異端審問のシステムを導入します。

つまり教会による特別な裁判所を設けたのです。実際、異端は教義に反するだけではなく、神と王権、そして社会に対する大罪だと見なされました。

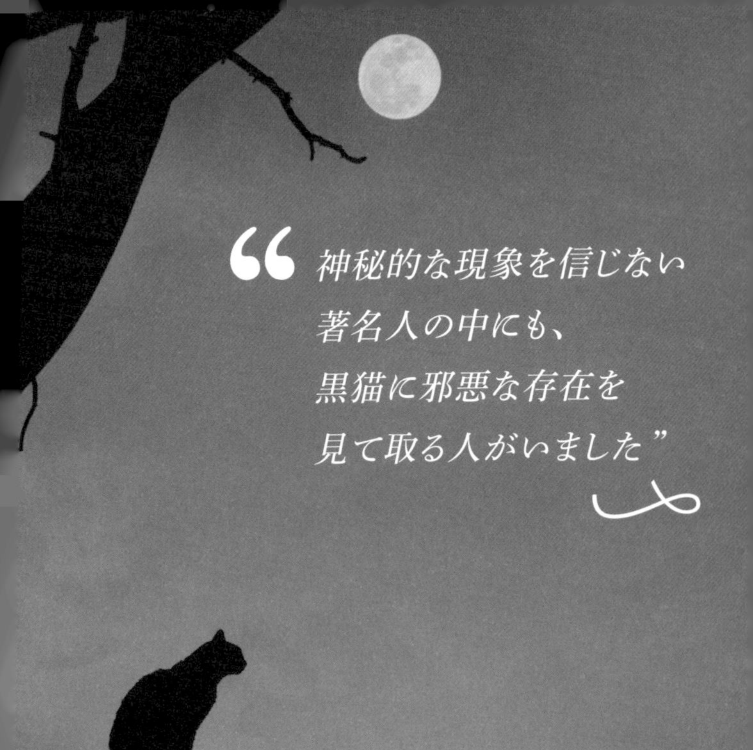
“神秘的な現象を信じない
著名人の中にも、
黒猫に邪悪な存在を
見て取る人がいました”

猫は“悪魔のしもべ”だと断言したのは、ローマ教皇**グレゴリウス9世（Papa Gregorius IX）**が1233年に発布した教勅、「Vox in Rama（ラマの声）」です。異端は悪魔を崇拝する儀式を行うという、11世紀から発生した考え方は、魔女集会（サバト）と悪魔崇拝について述べたこの教勅によって裏打ちされました。そして黒猫は自ずと、こうした異教の儀式と結びつけられたのです。黒猫は悪魔の手先、または悪魔の化身であり、いわゆるセクトの中で特別な役割を担うとされていました。黒魔術の儀式において、サタン（魔王）は大きな黒猫の姿で現れ、信者たちに崇められました。信者たちはサタンを取り囲み、呪いのまじないを唱える際に、サタンの生殖器に口づけしたのです［実際には、サタンが現れたわけではなく、空想しつつ儀式が行われたものだと思われます］。スコットランドでは、“タガルム（taghairm［ゲール語で、暗黒の儀式］）”の悲惨な儀式が行われ、黒猫を生贄として悪魔に捧げました。生きたまま串刺しにして焼いたのです。猫たちが断末魔の叫び声をあげると、サタンの魂が猫に姿を変えて現れると信じられていました。こうして、儀式の参加者たちは、願いが聞き届けられるのを目の当たりにしたのです。

また、この時代から、黒猫を家に招き入れた者はすべて、妖術の罪で火あぶりに処せられる恐れがありました。

ただし、黒猫でも首の周りや胸に白い毛が生えている猫は別です。こうした白班は、今では“**神の指**”または“**エンジェルマーク**”と呼ばれています。神の印とされたこの白班を持った猫、そしてその飼い主も、危険を回避できたのです。でも、同腹で黒猫が生まれたら、そして子猫の数が多かったとしたら——動物の不妊手術はまだ義務ではありませんでした——1匹またはすべての黒猫は捨てられ、そのうえ殺されたのです。

La chasse aux sorcieres
魔女狩り

ローマ法王**ヨハネス22世**（Ioannes XXII）は、1326年に発布した教勅の中で魔術と悪魔の関係を述べ、妖術を異端であると定めました。これを受けてヨーロッパ全土（ドイツ、スイス、フランス、イギリス、スペイン、イタリア等）で**魔女狩り**が始まりました。魔女狩りは、およそ根拠のない、かつとんでもない確信により助長され、まったく抑制が効かないまま言語道断な悪習を生み出したのです。こうして、妖術……というよりむしろ妖術っぽいものは、それ以来、"悪意のある行為"と見なされ、もはや常軌を逸したものの領域では済まなくなったのです。

中世に魔女狩りが根づいたのは、集団ヒステリーの産物です。実際に迫害が始まったのは15世紀であり、その頂を迎えたのは16～17世紀のこと。**法王インノケンティウス８世Innocen_ius**Ⅷ）［在位1484～1492］は、1484年の教勅で、魔女は異端審問を経て、

「Le supplice des sourcières-Le bûcher（魔女たちの嘆願ー火刑台）」
『Les Chroniques de France（フランス年代記）』（1493年）より

猫と共に火刑に処すべきであると布告しました。この魔女狩りは、キリスト教徒のみならず、一般大衆をも結束させました。人々は宗教戦争や30年戦争、飢饉、疫病、食糧難など、当時のヨーロッパの庶民を苦しめていた不幸の責任を何者かに求めていました。責任の拠りどころに値するものは、すべて善だったのです。教会の見解では、女性は「悪魔の誘惑により負けやすい、弱い生き物」であり、格好の犠牲者でした。魔女というのは、黒猫（または他の猫）が身近にいる、孤独で非社会的な存在として認識されていました。実際、こうした“魔女たち”は、下層階級の独り暮らしの女性がその大半を占めていました。多くは産婆か祈祷師（呪医）であり、薬草や父祖伝来の知恵を伝え受けていたのです……。つまり教会から見れば、怪しげな女性たちがその対象でした。

こうして、超自然的な力を持った多数の女性が拷問を受け、裁判を受けた後、飼い猫と共に生きたまま火あぶりにされました。その女性が魔女か否かを知るためのおぞましい方法は、浮かび上がれないよう手足を縛り、裸で川に投げ込むというもの。魔女は水よりも軽いとされていたので、もし浮かべば、直ちに水からあげて生きたまま火あぶりに。もし溺れたら、死んで潔白を証明したというわけです。

Les fetes barbares
野蛮な祭典

一方、法王**インノケンティウス7世**(**Innocens VII**)(1336～1415)は、祭りにおいて猫を犠牲にすることを認め、猫の迫害を強化させました。猫の火あぶり、大量虐殺、投げ落としは宗教的および非宗教的な祭りにおいて、一般的には決まった日付に行われました(四旬節の第日曜日、**サン=ジャンの火祭り**[6月23日の聖ヨハネの日の前夜祭]、諸聖人の祝日の前日、クリスマス、灰の水曜日[復活祭の46日前]、聖金曜日[キリストの復活前の金曜日]など)。ヨーロッパ内で、とりわけ四旬節の時期に、猫(それも特に黒猫)は、前例のないほどの人間の残虐さの犠牲となり、生き埋め、手足の切断、縛り首、火あぶりにされました。黒猫たちは柳の網籠に閉じ込められ、竿に吊るされて火の中に投じられたのです。儀式が終わると、群衆はその遺灰を奪い取り、畑や住まいにまいたといいます。猫の遺灰は、飢饉や食糧難、疫病から守ってくれると信じられていたからです。フランスでは、毎月数千匹の猫が火あぶりにされ、**サン=ジャンの火祭り**のときはその数はさらに増えました。この祭りのとき、村人たちは、捕まえた猫を投げ込むための火あぶり台を作りました。18世紀まで、フランス国王自身も、パリのグレーヴ広場(現オテル=ド=ヴィル広場)で行われたこの猫の火刑に参加ました。袋に詰めた猫を燃やす薪に火をつけたのは国王でした。ルイ14世(Louis XIV)[在位1638～1715]は

1646年に、最後にこの火刑に加わりました。

建物や農家、大建造物を建築する際に、猫（できれば黒猫）を生きたまま壁に塗り込めるという残忍な行為も、珍しいことではありませんでした。当時の人々は、建築家や職人の能力に頼るよりむしろ、人知を超えるもの、またはそれに似たものにすがること選んだのです。塗り込められた猫は、建物の頑丈さを保証し、不運から守り、神の庇護を引き寄せると言われていました。1950年、ロンド塔の修復工事の際、ミイラ化した猫の群れが発見されたのは、こうした理由からです。その姿は、野蛮なしきたりの犠牲となって、むごい死に方をしたことを物語っています。

ベルギーでは962年、フランドル伯ボードゥアン3世（Baudouin III）［在位942～962］が、痛ましい祭りを始めました。イーペルの「**猫祭り**」として知られるお祭りです。カトリックに改宗したばかりのボードゥアン3世は、猫（それもできれば黒猫）を、塔の高みから投げ落とし、古くからの異教の慣行を放棄する旨を民衆に正式に表明しようと思い立ったのです。死刑執行人は館の塔から、最低3匹の猫を空に投げる役目を負いました。もし猫が死ななかったら、興奮した民衆はその猫を追いかけ、死ぬまでリンチを加えたのです。この伝統は、象徴的な方法で悪魔の魂を追い立てるという特別な目的がありました。

この陰鬱な行事は、1817年まで実際に行われていました。現在でもこの行事は行われているものの、投下されるのは本物の猫ではなく、ぬいぐるみですからご安心を。猫の着ぐるみを着た人や、顔に猫のペイントを施した人、猫をモチーフにした山車などが練り歩くパレードが行われ、かつての死刑執行人の代わりに道化師が3匹の黒猫のぬいぐるみを塔の上から投げ落とします。

こうして黒猫と魔女たちは、何ら区別なく同じ状況で死に、犠牲となりました。異教徒の風習（儀式）と闘い、多神教的な文化を食い止めようと欲した教会は、黒猫&悪魔のイメージにぴったりの魔女をスケープゴートに仕立てたのです。これは重大な過ちです。実際、魔女狩りのために王国中にネズミが増殖し、**ペスト（黒死病）**などの疫病の蔓延を助長しました。当時の俗説とは逆に、猫はペストの媒介に一切関わっておらず、原因となったのはネズミのノミだったのです。猫を殺し続けることで、人々はそれと知らずに病気の伝播を容易にしていたのでした。農民は、罰を受ける危険があったにもかかわらず猫を飼い、猫が住まいからネズミを遠ざけてくれたおかげで、疫病にかかる率が少なくて済みました。もし猫の大量虐殺が行われなかったとしたら、1347〜1352年にヨーロッパ中に蔓延したペストの抑制に大いに貢献しただろうと、歴史家たちは指摘しています。このペストの大流行でヨーロッパの全人口の30〜50％が死んだのですから……。

古代ペルシャを起源とするゾロアスター教は、犬を崇拝することで知られている。だが、一般には知られていないことではあるが、昔の風習から明らかなのは、他のモランの民［ベルギーのかつての一部の地域］は言うに及ばず、イーペルの民はキリスト教に改宗するまで猫を神として崇めていたのである。フランドル伯ボードゥアン3世は962年に命令を下した。イーペルの民が真に異教崇拝をやめたことを非居住者たちに見せるべく、復活主日から40日目、必ず木曜日にあたる主の昇天の祭日における恒例市の日に、3つの塔と呼ばれる城の塔から、1匹または2匹の猫を生きたまま投げ落とすようにと。

この風習により、11世紀ならびに12世紀には毎年、主の昇天の祭日に、城の塔またはサン=マルタン教会の塔から、1～2匹の猫が生きたまま投げ落とされていたのは明白である。これは1231年まで行われた。この年、猫の投げ落としは初めて、鐘楼の上からなされ、これは、さまざまな状況により幾度か中断された場合を除き、常に実施された。ただし、主の昇天の祭日の代わりに、この儀式は——もし儀式と言うのなら——1476年以降、イープルの恒例市の水曜日に行われた。この恒例市はこの年に始まり、謝肉祭の後の翌々週に今なお開催される。この水曜日は猫の日と呼ばれている。イエネコの投げ落としは午後3時に行われていたのだが、鐘とカリヨンの音で開始が告げられた。この奇抜な習わしに興味をひかれた多くの非居住者たちは、ひとめ見ようとイーペルにやって来た。我々も何度か見物し、1817年に最後の投げ落としを見た。この役目を負った人物は、赤い上着と彩色リボンで飾られた頭巾をまとい、いにしえと同様に、下に向け、人々の中に、生贄の動物を投げた。だが、時には、高みから落ちたにもかかわらず動物は無傷で、こんな儀式のために二度と捕まってなるものかと走り去った。

イーペル市の文書館員、ジャン=ジャック・ランバンの証言「猫の投げ落とし」
『北フランスとベルギー中部の人と物事』より
アルチュール・ディノー、エメ・ルロワ、1829年。

UN RETOUR EN GRÂCE PROGRESSIF

少しずつ人気者に

—

魔女狩りは激しさを増し、
全ヨーロッパにおいて約4世紀続きます。
そして、カトリック教会がプロテスタントの宗教改革に直面する
16～17世紀にその絶頂期を迎えます。

こうしてヨーロッパ各国のキリスト教の教会は、この無害な動物を最もおぞましいサタンと結びつけ、黒猫を目の敵にしたのです。聖職者たちは住民に対して権力を乱用し、猫（とりわけ黒猫）を悪魔化しました。悪魔的で不幸をもたらす動物に仕立て上げ、現代の自然療法医のように民間医療者としての能力を発揮していただけの“魔女たち”の、不吉なお供に仕立て上げるために……。

フランス国王、**アンリ3世**（Henri III）は、黒猫は言うに及ばず猫全般を恐れるあまり、猫を見かけると気絶するほどでした。国王としに在位していた1574～1589年の間に3万匹以上の猫を殺害させました。

神秘的な現象や超常現象を信じない著名人の中にも、黒猫に邪悪な存在を見て取る人がいました。フランスの王室公式外科医であった**アンブロワーズ・パレ**もこの例に当てはまります。パレは戦場における著名な外科医で、アンリ2世、フランソワ2世、シャルル9世、アンリ3世の外科医でもありました。ルネサンス期を象徴するこの人物は、猫の被毛は毒されていて、吸い込むと窒息する恐れがあると記しました。また、猫の息は危険であり、結核がうつる恐れがあるので、猫の近くで眠ってはならないと断言しました。その結果、猫の不吉なまなざしは、人々に理性を欠いた恐怖を招かせ、体の震えを起こさせたのです。

1600年ごろ、イギリスの聖職者、ウォルター・マップは、悪魔的な集会において、黒猫は悪魔の化身だと示しました。さまざまな話を総合すると、ルシファー[堕天使の長。サタン、悪魔と同一視される]の登場は密室で行われ、どこからともなく巨大な黒猫が姿を現しました。そしてその黒猫は、その突き刺すようなまなざしで、部屋から明かり全てを消し去る力を持っていたのだとか。旺盛な想像力の持ち主で、みずからの主張に自信満々のこの聖職者は、こうして悪魔がその信者たちに会いに来たのだと断言したのです。

17世紀になると住民の一部が疫病で大量死したことを受け、猫は黒であろうとなかろうと少しずつ名誉を挽回していきました。

ご存じのように猫はネズミの狩りにおいては達人です。ですから人々は猫に対して寛大になりました。“魔女狩り”は、始まった時と同様に、

かなり唐突に終わりました。17世紀初頭、ヨーロッパ各国で同時期に
終焉を迎えたのです。

今日(こんにち)の歴史家の見解では、魔女狩りによりフランスで5万人〜10
万人が亡くなり(犠牲者の80%は女性)、黒猫をはじめとする数
百万匹の猫も炎の中に投げ込まれたといいます(ヨーロッパ全土で
は、さらにこの数字は上がります)。

ルイ13世(Louis XIII)(1601〜1643)は猫好きで、毛色にかか
わらず猫の価値の復活に一役買い、14世紀のペストによる死者数を
考慮すると主要な役割である、ネズミ駆除の役目を再び与えました。
猫はとりわけ、王立図書館の蔵書をネズミから守る任務を負いました。
ちなみに、ロシア、サンクトペテルブルクのエルミタージュ美術館には、
元々は美術品を守る目的であった猫たち約60匹が、今もなお君臨し
ています。カトリック教会が制定した猫の迫害と絶滅にルイ13世が終
止符を打ったのは、猫を崇拝していた、ときの宰相・リシュリュー枢機
卿の影響だといわれています。

リシュリュー枢機卿として知られる、アルマン=ジャン・ド・プレシーは、
お気に入りたちのために、ルーヴル宮殿の居室内に、猫部屋を整えさせた。
(『Richelieu(リシュリュー)』モーリス・ルロワール作、20世紀初頭。

この国王の努力にもかかわらず、息子の**ルイ14世**は猫に魅了されることはありませんでした。10歳の時に、ルイ13世とリシュリュー枢機卿が亡くなるや、ルイ14世は猫たちが哀れにも生きたまま焼かれた火刑台の周りではしゃいだのだとか。ただし、ネズミ取り用の犬など他の動物は、ルイ14世と宮廷人たちの寵愛を得ました。

庶民の無知ゆえに、
黒猫は何世紀にもわたり邪悪な動物と見なされた。

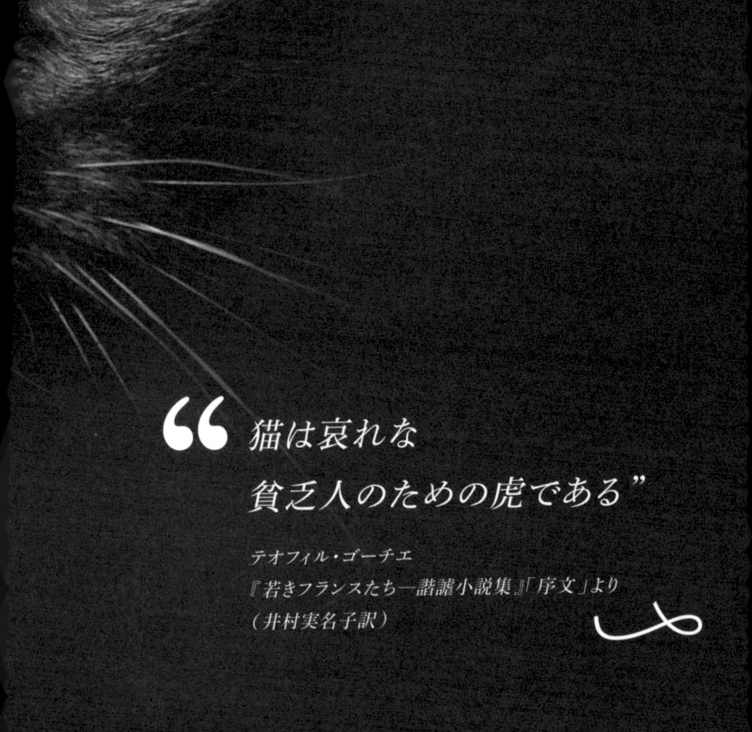

“猫は哀れな
貧乏人のための虎である”

テオフィル・ゴーチエ
『若きフランスたち―諧謔小説集』「序文」より
（井村実名子訳）

Epoque moderne

近代

猫がようやく平和の“予感”を見いだすのは、フランスで「啓蒙の世紀」と呼ばれる18世紀以降です。大の猫好きで知られる国王、**ルイ15世（Louis XV）**（1710～1774）は、サン=ジャンの火祭り（6月23日またはその前夜、聖ヨハネの前夜祭）での猫の火あぶりを“野蛮で原始的な伝統”だとし、これを禁ずる命令書を作成させたのです。にもかかわらず、この祭りでの猫の火あぶりの伝統は、メッツ市で1777年まで続きます。四旬節［灰の水曜日から復活祭の前日までの日曜を除く40日間］には、“猫たちの水曜日”が行われ、この祭りの間には、鉄製の檻に閉じ込めた猫たちを生きたまま火あぶりにしたのでした。

猫への深い愛情を表明した法王もいます。「ミチェット」と名づけた三毛猫を飼っていたイタリア人法王、**レオ12世（Papa Leone XII）**（1760～1829）。そして、**ピウス9世（Pius IX）**（1792～1878）です。

でも、毛色が黒であろうとなかろうと、**ナポレオン・ボナパルト**は猫を忌み嫌いました。イギリスで伝えられている話によると、ナポレオンは1815年6月18日のワーテルローの戦いの直前に、黒猫を見かけたのだとか。きわめて迷信深かったというナポレオン。この戦いがフラ

“白い猫でも黒い猫でも、
ネズミを捕るのがよい猫だ”

鄧小平

ンスにとって致命的な敗戦となったのは、その黒猫のせいでしょうか？ナポレオンはまた、フランス民法典の制定に関わり、猫を“家具”と定義しています（第2編、第1章、第2項）。「この動物は生来、家具であり、その体はある場所から他の場所に移動するも、自発的に動く場合もあれば、第三者の力によりてのみ場所を変わる場合もある」。幸い、長年法改正に向け活動してきた動物愛護団体の尽力により、2014年に、民法改正に向けての有利な決定を得ます。動物たちは現在の民法では“固定資産”とは見なされていません。国民議会の法律委員会は実際、法律の近代化ならびに権利の単純化プロジェクトの枠内で、これら動物たちを“感情を備えた生き物”であるとする修正案に投票しました。

Époque contemporaine
現代

猫が再びスポットライトを浴びたのは、19世紀のロマン主義のおかげです。神秘的で自由気ままな猫は、すばらしくロマン主義的な動物として愛され、作家や詩人、画家、歌手など芸術家たち（P.55～P.57参照）のインスピレーションの源となったのです。また、ロドルフ・サリが1881年、モンマルトルの丘に、前衛派の拠点となった**キャバレー"黒猫（シャ・ノワール）"**をオープンすると、黒い猫は歌となり詩に読まれ、名誉挽回したのです（P.58参照）。

狩りの能力に加え、その美しさと優雅さも好まれるようになり、1871年にはロンドンの水晶宮［1851年、第一回万国博覧会の会場として造られた建物］で初の猫の展示会が開かれたほど。こうした展示会はヨーロッパ各地とアメリカで次々と開催され、猫の協会が創設されました。

この時期から、黒猫のモチーフがあらゆる所に現れ始めました。ポストカード、ポスター、切手、カップの絵柄、ストリートアート……。

他の動物（犬、馬、鳩など）と同様に、猫は2つの世界大戦で重要な役割を果たします。地獄のような戦地を生きた戦士たちの、癒しの存在だったのです。ネズミ取り役、または有毒ガスの探知役（ガスが噴出した時に鉱夫に危険を知らせたカナリアとちょっと似ています）として用いられた猫もいました。こうした猫のうち、「**サイモン**」の経歴をお話ししましょう。サイモンは、戦争で活躍した動物に授与されるイギリスの勲章、ディッキンメダル［Dickin medal、1943年に制定、サイモンは猫として唯一の受賞例］を、死後に贈呈されています。香港の造船所（ドック）でのこと。イギリス海軍のスループ艦アメジスト号の乗組員が、弱っているサイモンを発見し、こっそり船に持ち込みました。するとサイモンは、船内の食糧を荒らしていたネズミを精力的に追い払い、軍の士気の高揚にも一役買い、たちまちのうちに役に立つこと証明したのです。こうしてサイモンは、あっという間にアメジスト号の幸福を呼ぶマスコットとなったのです。

今日では、猫は人間のよき相棒と言えます。家族の一員であり日常生活を共にします。そして猫が死ぬと心にぽっかりと穴が開きます。フィリップ・ラグノーが文章で絶妙に表現したように。

迷信（P.87～P.133参照）へのプレグナンツ［知覚された像などが最も単純で安定した形にまとまろうとする傾向。ゲシュタルト心理学の用語］が理由で、黒猫に対する恐れが今日まで続いているとしても、きわめて減少はしています。でも、今日なお、血統種であろうとなかろうと、黒猫は他の猫とは同じようには見なされません。名誉を挽回したとはいえ、黒猫の評価は相変わらず分かれます。猫の里親センターでは、やはり黒猫は他の猫より養子縁組が難しいと言われているのです。

“私は猫が大好きだ
私は自宅が大好きだから
そして猫たちが少しずつ
自宅の明白な魂になっているから”

ジャン・コクトー

アメリカのフロリダ州では、**ハロウィン**の数日前には黒猫の養子縁組（里親）を一切禁じています。それはなぜでしょう。黒猫たちが10月31日に虐待されるのを防ぐためです。ケルト人にルーツのあるこのお祭りは、アイルランド人やスコットランド人の移民に伴い、アメリカやカナダで発展しました。英語の*All Hallows Eve*（諸聖人の夜）から、ハロウィンは死や魔術、架空の怪物というテーマのもとに、豊かすぎるイメージを生み出しました。一般的に、このお祭りに結びつけられるキャラクーは、お化けのほかに、魔女、コウモリ、フクロウ、カラス、クモ……そして、黒猫です。実際、かなりの数の黒猫がハロウィンの前日に養子縁組され、お祭りの間に虐待され、直後に捨てられたのです。猫の養子縁組を専門に手掛けるアメリカの協会、*Adopt a Cat*の職員は、魔女の仮装に黒猫は欠かせない“アイテム”だと一部の人は考えていると主張しています。

ハロウィンの扮装用アイテムの中で、
ホウキ（もちろん魔女用）やカボチャと同様に、
黒猫も必須の“アイテム”!?
アメリカのポストカード／A・ハインミュラー作、1900〜1910年頃。

HALLOWE'EN
Greeting
SPOOKS AND WITCHES ARE BUSY TO-NIGHT,
ANXIOUS TO PUT GOOD PEOPLE TO FRIGHT;
LET'S GET TOGETHER TO WARD OFF THE CHARM,
LAUGH AND BE MERRY TO FORGET ALARM.

おばけも魔女も今夜はお忙し　善良な人々をびっくりさせようとして
さあ、一緒に魔除けをかわし　時間を忘れて陽気に笑おう

こうした里親センターのうち、Palm Beach County Animal Ca
and Controlなどのセンターは、黒猫の養子縁組を13日の金曜日
行うことを禁じました。人間のイマジネーションが、これら善良な猫
害を及ぼしかねない状況を防ぐためです。こうしてアメリカでは、
ロウィンの直前の黒猫の養子縁組はほぼ不可能ですが、11月1日か
は解禁となっています。

今日(こんにち)でも、黒猫を崇拝する人がいる一方で、極度に恐れる人がい
ることがお分りいただけたでしょう。迷信とは実に厄介なものです
ヨーロッパ全土で何世紀にもわたり黒猫は犠牲になったというのに、
黒い毛色の遺伝子が存続しているなんて驚きです。あるいは言い伝
えのとおり、猫は本当に9つの命（P.80～81参照）を持っているの
かもしれません……。

熱狂する恋人たちも　謹厳な学者どもも
壮年の頃ともなれば　等しく猫を愛す
やさしくも力強く　家の誇りたる猫
主人同様冷え性で　動くのが嫌いな生き物
学問の友にして快楽の友
沈黙と恐怖の闇を追い求めるもの
もしもおとなしく従うならば
エレボスも冥界の伝令にしただろう
彼らが物思いに耽るときの姿は
孤独の底に横たわるスフィンクスのようだ
果てしない夢にまどろむかのような
その豊穣の腰には魔法の光線が発し
その神秘の目には　砂粒の如き
黄金の破片が　鈍く光る

ボードレール
『悪の華（Les Fleurs du mal）』より「猫（Le chat）」、1857年
鈴木新太郎訳

Le chat de gouttière : un chat unique

オンリーワンの猫、ミックス（雑種）

ミックスの猫は目にエレガントさが欠けていたり、ある品種の猫に似ている場合もありますが、猫好きで知られる作家、コレットのこの言葉にその魅力は集約されています。「“普通”の猫など存在しない」。

野良猫、ミックス、飼い猫。LOOF（Livre Officiel des Origines Félines）の60種にのぼる純血種リストに登録されていない猫は、このように呼ばれています。

ミックスは、他のミックスとの共通点を見出そうとしても無意味です。ミックスはそれぞれ個性的なのですから。もし子猫の特徴が、飼い主の特徴に順応するように発達するとしたら、被毛は思いもよらないものとなり、瞳の色はグリーンとブルーを経て、ゴールドやブラウンになるかもしれません……。子猫の場合、感染症にかかっている可能性があるので、必ず血液検査を受けさせましょう。もし、例えば、保護されていた成猫をもらった場合は、前の飼い主との癖が身についていたり、その子自身の好みがすでに備わっているかもしれません。その子の性格も見極めやすいでしょう。

タビー（縞模様）だったり、赤みを帯びていたり、一部の被毛が白

だったり、黒白だったり……。おおざっぱに黒猫といっても、色合いはさまざま[この本における黒猫の定義は、全身の大半が黒毛に覆われているもので、ぶち猫や縞模様なども含まれます]。大切なのは、これから飼う猫と一緒に長い年月を歩んでいけるよう、信頼関係を築き上げることです。

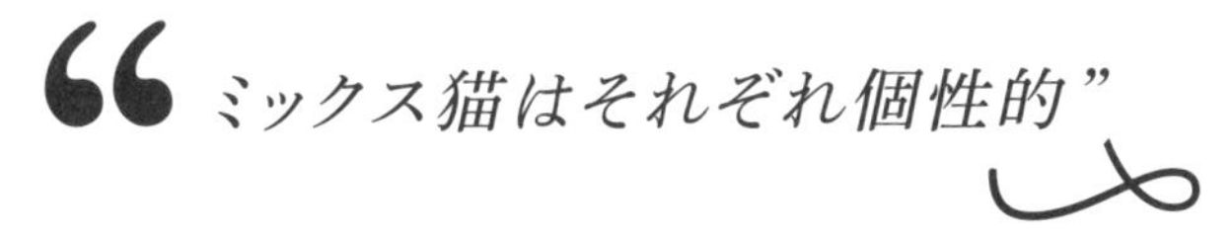

Sous les feux de la rampe
脚光を浴びて

黒猫はいつの時代であっても、多くの人に忌み嫌われた存在でした。でも、熱狂的なファンがいたのも明らか。実際、歴史上の人物や作家、アーティストたちは、並外れた情熱を飼い猫に注ぎ、愛猫として黒猫を飼った人もいたのです！

空想の世界では、黒猫は魔法使いや魔女の忠実なお供ですが、実際は違います。作家、詩人、歌手、俳優、はたまた政治家たちのよきパートナーであり、とめどないインスピレーションの源。最も魅力的、かつ興味をそそられる動物として！　黒猫の飼い主たちはこの定義に異論を唱えないでしょう。

Les personnages historiques
歴史上の人物

イングランドの王**チャールズ1世**（1600～1649）は、愛猫の黒猫を崇拝しました。愛猫から片時も離れず、この猫を失うことがないように努めていました。やむをえず留守にするときには、従者の一人に見張りをさせたほど。けれども、1648年のある日、国王の猫は病気になり亡くなりました。「私の幸運は去った」と、愛猫に守られていると確信していたチャールズ1世は、そのとき言ったことでしょう。愛猫の死後、国王はハースト城に幽閉され、次いでロンドン近郊のウィンザー城に移されました。国家反逆罪に問われ、イングランドの歴史上初めて国王が法廷で裁かれたのです。1649年1月30日、チャールズ1世は処刑されました。疑いの余地なく、黒猫の死と共に幸運は去ったのです……。

作家であり、ド=ゴール内閣で文化大臣を務めた**アンドレ・マルロー**（1901～1976）は猫と一緒にいるのが好きで、終生、猫に囲まれて暮らしました。緑色の瞳のメスの黒猫、「リュストレ」も、マルローのお気に入りの猫でした。大臣執務室の暖炉の上には、日本では福をもたらすと言われている、左手を上げた招き猫が鎮座していました。これは画家バリテュスが、マルローのために日出ずる国、日本から持ち帰ったものです。

『日はまた昇る』『誰がために鐘は鳴る』『老人と海』などで知られるアメリカの作家で、ノーベル文学賞を受賞した（1954年）**アーネスト・ヘミングウェイ**（1899 ～ 1961）は、きわめて特殊な猫たちを飼っていました。多指症の猫だったのです。猫はふつう指４本と上趾1本を持っていますが、多指症の猫は最多７本まで持っています。フロリダ州キーウェストのヘミングウェイの自宅で暮らしていた猫のうち、黒猫が数匹いました。ヘミングウェイの自宅はその後、博物館となり、彼の愛猫の子孫たちがその場所の魂を守っています。

画家の**アンリ・マティス**（1869 ～ 1954）はいつも猫に囲まれていました。病気のため床に就くと、愛猫のうちの1匹、黒猫がマティスと一緒に居ました。

詩人、デッサン画家、小説家の**ジャン・コクトー**（1889～1963）。“反抗的な性格”が好きだからと、猫たちに囲まれて暮らしていました。そのうち1匹は黒猫で、名前は「カルーン」でした。

他にも猫に対して同様の情熱を持ち、その被毛の色にこだわることなく、黒猫の魅力の虜になった有名人はたくさんいます。ジャック・ブレル（1929 ～1978）［ベルギー生まれの歌手］も例外ではありません。

彼はフランス領ポリネシアのマルキーズ諸島で「ミミーヌ」に夢中になりました。彼女はブレルにとって癒しであり、励ましを与えてくれる存在だったのです。

ジョルジュ・ブラッサンス（1921〜1981）［歌手&詩人］は生涯猫に囲まれて暮らし、そのうち数匹は黒猫でした。ピエール・デプロージュ（1939〜1988）［ユーモア作家］とジャック・デュトロン（1943〜）［フランスの歌手&作曲家］も同様です。デュトロンは、コルシカ島で30匹以上の猫に囲まれて暮らし、その中には黒猫もいます。他にも愛猫家として知られる有名人：フランス・ギャル、ブリジット・バルドー、モーガン・フリーマン、メル・ギブソン、カトリーヌ・ドヌーヴ、ソフィー・マルソー、ジョージ・クルーニー、ウルスラ・アンドレス、ジョン・レノン（愛猫の名は「エルヴィス」）、アマンダ・リア、ダリダ、ジョン・トラボルタ、ニコール・キッドマン、チャーリー・チャップリン、アルベール・カミュ、イゴール・ストラヴィンスキー［ロシアの作曲家、「火の鳥」「春の祭典」で知られる］、ポール・マッカートニー、ロミー・シュナイダー、ティナ・ターナー、フランク・ザッパ、ジョーン・バエズ、ローレン・バーコル、ピート・ドハーティ……。

素晴らしいキャリアを誇るこれら多くのセレブたちにとっては、黒猫はまさに幸運と慈悲の象徴でした。黒猫の呪いなど、信じるに値しないものだったのです。

Le cabaret du Chat Noir
キャバレー“黒猫”

この有名なキャバレーを開いたのは、ベルエポックの寵児でクリエーターの、ロドルフ・サリ（1851～1897）。でも、どうしてキャバレー“黒猫（シャ・ノワール）”と名付けたのでしょう。諸説ありますが、どれが真説かは分かりません。

ともあれ、このキャバレーは**19**世紀末には早くもパリの名士が集う場所になったのです。

キャバレー“黒猫”は、またたくまに当時のパリの上流階級を惹きつけました。彼らはこの施設を避けるどころか、殺到したのです。パリの前衛的な芸術&文学の中心となった黒猫は、行かなくてはならない場所だったのです。

キャバレー黒猫の看板は、長いこと、3回住所が変わったこの施設の“灯台”ともいえる存在でした。作者はアドルフ・レオン・ヴィレット（1857～1923）。この黒猫は鉄板に彩色を施したもので、表現は控え目ながら、しっぽがとても象形的に三日月形にぐるりと巻いています。この看板（130cm×96cm）は現在、パリ3区にあるカルナヴァレ博物館で展示されており、19世紀末のモンマルトルの活気とボヘミアン的なパリを形成していたものの象徴となっています。

POSITIONS
ARTICULIÈRE
ANCHE 15 MAI
UBLIQUE
.17.18 et
Mai 1898
NT LA VENTE
à 2H 1/2
VENTE
HÔTEL
DROUOT
Salle No. 1
Les Lundi 16, Mardi 17
Mercredi 18 & Vendredi 20 Mai 1898
à 2 Heures 1/2
COLLECTION
DU
CHAT NOIR
"Rodolphe SALIS"
DESSINS ORIGINAUX
· Aquarelles · TABLEAUX
Importante Composition
"PARCE DOMINE"
Par A. WILLETTE
Par le Ministère de
Me J. GUILLET Commissaire-Priseur
34. RUE BAUDIN
Assisté de
Mr F. CUÉREL Peintre Expert
10. RUE EUGÈNE-SUE
chez lesquels on distribue le Catalogue
Imp. CHARLE VERNEAU, 114, Rue Oberkampf, PARIS.

UN CHAT DE LÉGENDE

伝説の猫

黒猫は、あらゆる国とあらゆる文明において、
最も、伝説や奇怪な物語を生んだ動物のひとつです。
こんなにも黒猫にまつわる伝説が多いのは、
人間が豊かすぎるイマジネーションを
持っているからなのか、あるいは、
黒猫が本当に超自然的能力を
備えているからなのでしょうか？ ともあれ、
黒猫の歴史は伝説で豊かに彩られています。
世紀を超えて永らえるさまざまな伝説は、
決して色褪せることはありません。

« AR KAZH DU »

ブルターニュの猫

—

ブルターニュ地方モルビアン県、
サン＝フィリベール［Saint-Philibert］には、
“黒猫の四つ辻”と名づけられた場所があります。
20世紀前半、“黒猫カフェ（Le Café du chat noir）”という
安酒場がその辻に店を構え、サン＝フィリベール、ロクマリアケ、
オーレイの3つの自治体の交差点における格好の
休憩所となりました。やがてカフェは姿を消し、その場所には、
第二次世界大戦の末期から、ガロ・ロマン風［ガロ・ロマンとは、
紀元前3世紀末〜5世紀までのローマ帝国による
ガリア支配の時期］の石碑が鎮座しています。
その上には黒い花崗岩でできた高さ70cmの黒猫の像、
ブルトン語で黒猫を意味する“Ar Kazh Du”の像が……。

現在は
サン＝フィリベール
市役所にある、
有名な猫の像。

この猫の像は、所有者に幸福と富をもたらすと信じられていました。それゆえ、この像は長い年月にわたり、幾度も盗まれては取り戻されたという過去があります。ただ、当時、ブルターニュで宝くじの当選者が多く出たかどうかについては定かではあません。いずれにせよ、この花崗岩の猫は、結婚に関しては、幸福と円満さをもたらすと言われていました。ですから、若い新婚カップルは結婚した後、像の足元に花を供えに来たのです。常に人々の関心を集めていたこの猫の像は、やがて、芸術家の卵たちのミューズとなります。彼らはためらうことなく猫に絵を描いて才能を発揮しました。つまり、猫の像は、落書きの格好の餌食となったのです。彼らはパーティーの最後に酔って羽目を外し、イベントや状況に応じて猫を“変身”させたのです。この場所はこうして、ブルターニュで外せない場所となり、変わった観光スポットとして有名になりました。いつも同じたたずまいながら、そのつど風貌が変わるこの猫の前で写真を撮るために、人々がやって来ました。

そんな中、この像への落書きと冒涜を見かねたサン=フィリベール市民の要求により、“Ar Kazh Du（黒猫）”は1999年に台座を去ります。それ以来、黒い花崗岩の猫は、サン=フィリベール市役所の婚礼の間でもある審議室で、快適で平和な生活を送っています。多くの人を常に惹きつけているとしても、もはや良識のない人たちの攻撃の的になることはありません。一つ確かなのは、若い新婚カップルにぴったりの場所にいるということです。

SAINT CADO

サン＝カド（聖カド）

—

サン＝カド（聖カド）は
ブルターニュ地方モルビアン湾に浮かぶ小さな島。
美しい石の橋で陸地と結ばれ、ロマネスクの教会と、
聖カドを記念したケルトの十字架があります。
この島には今でも、とある言い伝えがあります。

ウェールズ地方南東部の旧州、グラモーガンの諸侯の息子、カドは、6世紀にウェールズ州の小村、ランカーファンに修道院を創設し、大修道院長を務めました。その後、アルモリカ［現ロワール川河口南からディエップ辺りの地域］に赴き、キリスト教の布教に努めます。民間伝承によると、カドは滞在していた小島と陸地を結ぶ橋の建設を望んでいましたが、なすすべはありませんでした。

悪魔と“取り引き”をする聖カド。
カドの左腕には黒猫が乗っているのが認められる。
（民衆版画／ペレ作、1855年）

ある日、サタンがカドの前に現れました。サタンはカドが欲しがっいた橋の建設を手伝うと申し出ます。ただし条件が一つ。橋を渡た最初の人間を自分に差し出せと言うのです。聖カドは申し出を受入れ、悪魔は一晩で橋を造りました。翌朝、聖カドは橋のたもと放ちます……1匹の黒猫を。そして橋を渡るよう猫を追い立てますこのペテンに激怒した悪魔は、エテル川にかかる橋脚の最後の石みを打ち壊したのだとか。これらの石積みが、ロロワ橋の石組を形しました。聖カドはと言えば、悪魔に仕掛けた茶番に笑い転げたまり、転倒したのだとか。彼が倒れた跡地には現在、十字架が建られ、“橋のたもとの十字架”と名づけられています。

UN RETOUR
AU CHÂTEAU DE COMBOURG

コンブール城の黒猫

—

5世紀になると、アイルランドの修道士たちはブロセリアンドの森［Brocéliande、架空の森、実際はPaimpontの森だと言われている］にほど近い、コンブール村に住むようになります。
この森は魔法使いマーリンとアーサー王の姉、
モーガン・ル・フェイの領地。
以来、アーサー王の伝説にまつわる話が色々と生まれました。
実際、奇跡の泉が湧きだし、その水で目の見えない人が見えるようになったのだとか。やがて、そうした奇跡は城の麓に出現した湖が担います。静かに水をたたえたこの湖は、
今日でもなお、鏡のように城の塔を映しています。

11世紀から15世紀にかけて建設されたこの城は、中世と百年戦争の折にブルターニュを壊滅させた、封建的な戦いを持ちこたえました。変則的な4子音の構成で、四隅には4本の巨大な塔が側面を防御しています。うち1本は、かの有名な“猫の塔”。19世紀に、フランソワ=ルネ・ド・シャトーブリアン［1768～1848、政治家、作家］の甥の息子、ジョフロワ・ド・シャトーブリアンが城を修復した時にこの名がつき

1926年以来、歴史的建造物として登録。
驚異の歴史を持つ場所に人は魅力を感じるもの。
それゆえ、コンブール城は必見の観光スポットになっている
（19世紀、ゴドフロワ・エンゲルマンによるリトグラフ）。

ました。作業中、作業員たちは石壁の中に、干からびた猫の死体を発見したのです……なんとおぞましい光景！

長きにわたり、民間信仰では猫を生きたまま封じ込めると、不幸を払いのけ、悪魔から身を守ることができると信じられていたのです。黒猫は当時、悪魔の化身と見なされていたことをお忘れなく。確かに恥ずべき行為ですが、この時代によく行われたこの行為のおかげで、城の君主たちは自分が庇護されていると感じたのです。

ミイラ化した猫は、それからはシャトーブリアンの居室に置かれ
した。元の状態のままだったら、その姿はかなり恐ろしさをとどめ
いたはず。実際、窒息死したに違いないその猫は、口を大きく開け
とがった歯をむき出していました。今もなお、この黒猫の姿を見た
声を聞いたりする者がいるといいます。悲しい鳴き声を上げながら
コンブール城の廊下に出没するというのです。1727年にこの城の居
室で亡くなった君主、コエットケン侯爵（marquis de Coëtquen）と
共に……。侯爵は1709年9月11日、スペイン継承戦争での戦闘の
一つであるマルプラケの戦いで片脚を失ったことで知られています。
城の階段や廊下を義足で歩き回る音が聞こえたり、ドアをノックする
音が聞こえたりしたこともあったのだとか……。

幼少期をコンブール城で過ごした**フランソワ=ルネ・ド・シャトーブリアン**は、『墓の彼方の回想（Mémoiresd' outre-tombe）』（第3巻、3章）の中で、格別に迷信深かった母親から聞いた、これら奇怪な事柄について記しています。

「この言葉の氾濫が流れ出るたびに、私は小間使いを呼び、母と姉を居室に送っていった。退室する前に、彼女たちは私に、ベッドの下と暖炉の中、扉の裏を確かめさせ、階段や廊下や隣の回廊を詳しく調べさせた。この城にまつわるあらゆる伝説や、泥棒たち、幽霊たちが、彼女たちの記憶の中でよみがえっていた。3世紀前に死んだ義足の伯爵がある時期に出現し、その姿が小塔の大階段で見かけられたと召使いたちは思い込んでいた。時には、義足だけが1匹の黒猫と一緒にさまよっていたと」。

“長きにわたり、
猫を生きたまま封じ込めると
不幸を払いのけ
悪魔から身を守ることが
できると信じられていた”

LES FÉES DE LA CÔTE D'ÉMERAUDE

エメラルド海岸の妖精

―

ジャーナリストであり民俗学者でもあったピエール・エリアスは『Bretagne aux légendes（伝説の宝庫ブルターニュ）』の中で、ブルターニュのとある伝説について述べています。『La mer（海）』（Jos Le Doaré刊）は、サン=マロからフレエル岬まで続くエメラルド海岸の妖精たちの物語です。

ある満月の夜、妖精たちは付近の漁師たちを魅了し、彼女たちの踊りに加わるよう誘います。男たちはこの魔女たちの罠にかかり、大きな黒猫６匹と白猫６匹に姿を変えられてしまいます。この呪いを解いて人間の姿に戻るには、海辺の砂の雲母（きらら）で黄金のマントを紡がねばなりません。このキラキラ光るマントを紡ぐのにどれだけ時間を要したかは定かではありませんが、一つ確かなのは、漁師たちは人間の姿に戻ったということです。

サン=マロの人々は、この伝説にちなんで、サン=マロの雲母を"猫の銀"と呼んでいます。

ブルターニュの人々の想像力から生まれた数々の民話や伝説たち。
ブルターニュは他のどの地方よりも、おとぎの国という印象を受ける。
（水の精オンディーヌを描いた版画「イラスト（La illustra_ion）』より／ 1885年刊）

“深遠で神秘的な探求者のごとき、
猫のこのまなざしは、
微動だにせず不気味なほどだ。
あなたの姿を写す
カメラのように、
あなたに向かってひらかれた
この瞳を見ていると、
猫に近づく人間をよりよく裁くのは、
犬よりも猫である、
と考えざるを得ない”

エドモン＆ジュール・ド・ゴンクール

それを見つけられたら、
大きな富を得ることができるかもしれません。
ただし、気を付けて！
それは、悪魔からの贈りものかもしれません。

ある日、魔法使いは、財産を作るために、自分の魂を黒猫と取り換えました。もし万が一、魔法使いになってみたいなら、伝説に従って次のようにすればいいのです。“金を生む猫”を見つけるには、5本の道が交差する辻に行き、悪魔に助けを求めます（お願いの言葉はご自分で考えてください）。

すると黒猫が現れるので、ある程度の金額の入った財布を渡します。翌日、黒猫はあなたが渡した倍のお金を持って現れます。この“金を生む猫”をずっとそばに置いておきたいのなら、4本の道が交差する辻で、死んだ鶏をエサに捕まえなくてはなりません。黒猫を袋に入れたら、何が起きようとも振り返らずに家に戻ります。家に着いたら、

手なずけられるまで黒猫をトランクに入れておきます。黒猫があなたになついたら、翌朝から毎朝、トランクの中に金貨が1枚入っていることでしょう。

でも、金を取り出そうとする前に、疑問が生まれるはずです。私って魔法使いなの？！

Le chat noir

黒猫

幽霊は　おまえの眼差しが　音をたてて
ぶつかるところ　まだそうしたところのようだ。
けれども　おまえの強力な視(め)は
この黒い毛皮にぶつかって　溶解してしまう、——

狂乱した人が　猛り狂って
暗黒のなかへと踏みこむや、
独房の　防音壁で
不意に　静まり　気化してしまうように。

猫は　かつて自分に当たったすべての眼差しを
こうして　自分のところに隠してしまうようだ。
そのうえ　威嚇するように　腹立たしげに
じっとみつめて　それから眠ってしまう。
だが　不意に　目覚めさせられたように　猫は
おまえの顔の真ん中へと　自分の顔を向ける。
すると　おまえは、猫のまる眼球の
黄いろい琥珀(こはく)のなかに、おまえの眼差しに
思いがけなくも　またぶつかる、——
死んでしまった昆虫のように閉じ込められたおまえの眼差しに。

ライナー・マリア・リルケ
『新詩集（Nouveau Poèmes）』(1907年)、塚越 敏訳

この古い言い伝えの元になったのは、
2つの伝説だと考えられています。

この伝説の起源は、およそ3000年前の古代エジプトに遡ります。猫を崇拝したエジプト人は、猫があらゆる困難な状況を切り抜け、常に四つ足で地面に着地する能力があると指摘しました。

でも、どうして9回生きるのでしょう？ この言い伝えは、古代の信仰にその源があります。9という数字は、神聖な数字と見なされていました。3の3倍であり、3つの三位一体、言い換えるなら3人の神の3グループに相当します。あらゆる古代文明において、9は幸運をもたらす数字でした。ですから、猫に与えられたとされる命の数は、これら古代の信仰に由来するのです。

もう一つの伝説は、ヒンドゥー教の伝説で、まるでおとぎ話のようなお話です。優れた数学者でありながら極めて怠惰な老猫が、寺院の入り口でまどろんでいました。そして、時折まぶたを上げては、昼寝の邪魔をしに来るハエを数えていました。

通りかかったシバ神は、この猫の魅力に心を動かされます。
でも、あまりの怠惰さを不思議に思い、猫に尋ねます。
ー「お前は何者だ。何ができる?」
ー「私はとても頭のよい老猫です。数を完璧に数えられます」
と老猫は答えます。
ー「いくつまで数えられる?」とシバ神は聞きます。
ー「ちょいと、私は無限に数えられるのですよ」と怠け者の
猫は答えます。
ー「だったら、私を喜ばせてくれ。数えてみてくれ、さあ、
数えて」。
ー老猫はあくびをしながら数え始めました。
「1…2…3…4…5…6…7…8…9」と、深い眠りに落ちる前に
猫はつぶやきました。
老猫が9で数え終えたのを確認したシバ神は宣言します。
ー「お前は9まで数えられるので、9つの命をやる」。
こうして、ヒンドゥー教の伝説によると、猫は9回生きるのです。

“猫に愛されるに
ふさわしいのなら、
猫はあなたの友となり、
奴隷とはならない”

テオフィール・ゴーティエ

Chats de partout

野良猫たち

僕は墓場の猫
空地の猫、軒下の猫
上エジプト［カイロ南部からアスワンの地域名］
から、どぶの中から
飛び跳ねてやってくる
僕はくつろぐ猫
太陽が通りかかると
君の庭で、君の中庭で
ビロードの肢がなくても
僕は不運な猫
月明かりの厄介者
真夜中に君を起こす
ゆううつの真っ最中に
僕は呪いの猫
異端審問で罪に問われ
僕は迷信の権化
君にいろんな不幸を招く
僕はうろつく猫

君の玄関の広間で
そして用を足す
表門のすみで
僕は安物のネコ科動物
老婦人たちのやさしい動作に
惜しみなく喉をゴロゴロ
誰にも気兼ねなく
みんなで祈って逃れさせておくれ
収容所の責め苦から
家も血統もない
亡命者たちの末路から

アンリ・モニエ［フランスの風刺画家、作家、俳優］
『Les Chansons du Chat Noir（黒猫の歌）』より、
1881～1886年

DES CROYANCES POPULAIRES ET DES SUPERSTITIONS TENACES

民間伝承と迷信

神秘的で不可思議な存在である黒猫に、
人間は他のいかなる動物も経験したことのない、
善または悪のパワーを付与します。
黒猫が何者であっても、
その歴史は信念と迷信に富んでおり、そのうちの
一部は集団意識の中に今もしっかり根づいています。
それらは国によって変化し、それが派生した
社会文化的な環境によって異なります。

いつの時代でも、そして世界のどこでも、
人間は常に根拠のない迷信に惑わされ、寛容さを失います。

ゲーテが言ったように「迷信とは人間に固有のものである。もし人が迷信を完全に禁じられたとしたら、迷信は魂の最も特別なひだの隅っこに逃げ込み、その人が自分に自信があるとうぬぼれた時に突然に姿を現す」のです。絶えず人間は、自らの不幸や幸福の原因を探し求めました。そして、現在も探し求めています。およそ合理的ではないのに鉄のように固いと信じる、超自然的な兆候に固執して。こうして人間は、ある種の品物や色や、動物が、災いの前触れであるとか、またはその逆に幸福とチャンスをもたらすと考えるのです。

FAMILLE J. DORE

猫の気ままな性格ゆえでしょうか？ 夜に狩りをしたがるからでしょうか？ この、夜の捕食者は、多くの者の目には、邪悪な動物のあらゆる特徴を持ちあわせているように映るのです。墓地で黒猫とすれ違うのも珍しいことではありません。夜のとばりが下りると、黒猫は悪魔に付き従うからでしょうか？ でも、黒猫に対して深い魅力を感じている人は誰も、黒猫が悪魔の手先や悪魔の生まれ変わりと一緒にいるな

どとは、決して想像しません。大好きな仲間であり、いつも一緒のパートナー。実生活の困難を一緒に乗り越えてくれる大事な存在なのです。

それでも不幸なことに、今日でもなお、黒猫は常に恐怖を掻き立てます。その恐怖は何ら根拠のないものですが、過酷な迷信によって染みついているのです。でも、信じてください。黒猫は猫であって、いかなる不幸も内に秘めていません！

LES MÉSAVENTURES
BIEN VISIBLE

黒猫の痕跡

ブルターニュは伝説の地。
アーサー王がマーリン・アンブロジウス［中世の伝説上のブリテン島の魔術師］と出会ったという伝説が生まれた場所です。黒猫は不思議の権化であり、不思議の高みと同一線上の存在と見なされていました……。

多くの場所がシンボル的に“黒猫（シャ・ノワール）”を冠しています。そもそもは、ロドルフ・サリ（P.58-59参照）が創設したモンマルトルの有名キャバレーにつけられたこの名を、多くのレストラやバー、キャバレーが受け継いでいます。はたまた、幸運をもたらすという評判ゆえに、“黒猫”の名を冠する店もあります。

ブルターニュ出身のアーティスト、
ロックグループのマトマタは、
かつてブレストにあったバーに敬意を表して、
『La Fille du Chat noir（黒猫の娘）』
という歌を作曲したほど。

彼女はいつも遅れている
黒猫の娘よ
その小さな愛らしい顔で
いつも僕らを惑わせる
大きな青い瞳はびっくりする
おしゃべりが過ぎると
ラム酒を2～3杯飲むと
黒猫の娘よ

『La Fille du Chat noir（黒猫の娘）』
の歌詞の抜粋、1998年

PLEINE DE CONTRADICTIONS

矛盾だらけの色

—

状況によって、黒は相反するメッセージを発する色です。

黒は**エレガンスとシックの極み**であると言えるかもしれません。たとえば、黒のドレスはワードローブに欠かせないアイテムです。またこの色は、簡素さの表れでもあります。裁判官や弁護士は黒服をまとい、一部の聖職者も黒をまといます。

黒は**葬儀や死、暗闇と**結びつけられることも多いのです。ですが、奇妙に思えるかも知れませんが、魔女たちの仮想の世界では、魔女の忠実なお供は黒猫ではなく、“タビー”と呼ばれるトラ猫なのです。そしてまた黒という色は、他のどの色よりも神秘的な色だと暗黙のうちに認識されています。サタンやルシファー、または悪魔と称される悪霊の類は、黒で表されること多いのです。

黒は不安をあおる色。これは歴史の黎明期からのことです。この色にちなんだ表現もたくさんあります。

–「誰かの黒い動物になる」：嫌悪の的となる。
–「黒ミサを行う」：教会の慣行を愚弄する邪悪な儀式を意味する。
–「暗黒の壺」[暗黒の壺=赤道無風帯のこと]：
航海用語。船乗りが航行をためらう危険ゾーンを指す。
–「セリー・ノワール」または「フィルム・ノワール」：
陰気で神秘的で、不安をあおることの多いテーマに取り組む映画の手法や長編映画。
–「ロマン・ノワール[暗黒小説]」：
この小説の物語の特徴は、ドラマチックでペシミスト、悲劇的な主人公が、警察沙汰またはサスペンスにかかわる。
–「ブラック・ユーモア」：
ユーモアの一種。悲劇的または残酷な事実を用いて笑わせる。
–「ブラック・リストに載る」：
好ましくない判断を下された個人または企業を指す。
–「黒い思想を持つ」：
悲しくて気分がふさぎ、時には自暴自棄で死にたくなるような、精神状態にあること。
–「黒い気分である」：憂鬱なこと。
–「黒い怒り」：激しい怒り。

“黒猫はごく頻繁に
あらゆる形の不幸だけではなく、
女性や腹黒さとも
結び付けられました”

LE CHAT NOIR, SYMBOLE DE MALHEUR

黒猫は不幸の象徴(シンボル)

—

ヨーロッパ諸国では、
黒猫は中世から続く古い迷信によって語られてきました。
こうした迷信はなかなか消えることはなく、今日(こんにち)でもなお、
黒猫を見かけることは悪い前触れだと捉えられています。

Le chat noir, suppôt ou incarnation du Diable

黒猫　悪魔の下僕？ 悪魔の化身？

シトー会の**修道士ケーザル**（1180〜1250）は、1219〜1223年に執筆した『Dialogues des miracles（奇跡の対話）』の中で、ある裕福な男性の最期の数時間について記しています。その男性の瀟洒(しょうしゃ)

な邸宅には数人の人物がおり、その中には、怪しげな医療行為をする司祭と、あらゆる点で司祭と対照的な善良な助祭がいました。助祭は、居合わせた者たちには見えない光景を目にします。何匹かの黒猫が瀕死者のベッドの周りを囲んだのです。瀕死者は叫びました。「黒猫たちをつまみ出せ。哀れな男に憐憫を」と。彼の切願もむなしく、黒いエチオピア人が瀕死者の喉にフックを差し込み、魂を奪い去るのを助祭は目撃します。古代エジプトにおいては、エチオピア人は悪魔の化身にほかならず、黒猫たちはその忠実な下僕だと信じられていました。息を引き取った男性が地獄に落ちたのは間違いないと、助祭は確信したのでした。

“ネコはかってにうろつきまわり、
おのが領地を気ままに巡察し、
どこの寝床の上でも寝ることができ、
なんでも見たり聞いたりして、
家の中のあらゆる秘密、
あらゆる習慣、
あらゆるみそかごとまでも
知り尽くしている。
音もたてずに歩く動物であり、
無言の徘徊者であり、
壁穴の中の夜の散歩者であるネコは
どこにでも自由にはいっていけるので
どこにいてもわが家にいるような
安楽な気持ちになるのである。”

ギ・ド・モーパッサン、「猫について」1886年
『モーパッサン全集・3』(小林龍雄訳)より

1297年に死去したトゥールーズの司教、**聖ルイ・ダンジュー** [ナポリ王カルロ2世の息子] は、人質としてバルセロナ近郊のモンカデ城で暮らしたことがあります。この幽閉期間に、悪魔の化身でしかありえないような大きな黒猫に襲われたようだ、という逸話があります。

14世紀のフランスで**テンプル騎士団** [中世ヨーロッパで活躍した騎士修道会] の異端審問が行われた時、黒猫に変身するパワーのあったサタンを崇拝したとして、テンプル騎士団の騎士たちが非難されたのです。

ヨーロッパの一部の国では、真夜中に黒猫とすれ違うのは、阿呆の魂を取りに来た悪魔と出会う方法だと言われていました。

ドイツでは、墓の上に黒猫が乗っているのは、悪魔が故人の魂を奪ったことを意味していました。

ペルシャでは、黒猫を虐待すると、一部の守護神から反感を買う危険性があると言われています。また、黒猫は悪霊と見なされており、夜に家の中に入り込んできた場合は挨拶をしないと不幸に襲われると言われています。

Le chat noir et la mort
黒猫と死

宗教裁判所がカルカソンヌに置かれていた時代（1234年）の**カタリ派**［10世紀半ばに現れ、仏南部と伊北部で活発となったキリスト教色を帯びた民衆運動］の逸話によると、この街の著名な宗教裁判官、ゴーフリッド・ド・アルビュフィスは黒猫２匹に囲まれ、ベッドの中で死んでいるのが発見されたと言われています。

シトー会のドイツ人**修道士ケーザル**（1180～1250）によると、1人の修道士が修道院で死に瀕していると、白い鳩がその瀕死者の窓辺に止まりにやってきました。すると黒猫が鳩に襲い掛かります。これらの“出現”は、象徴体系をより一層引き立たせていることは容易に分かります。白い鳩が無垢を表す一方、黒猫はより邪悪なものを象徴しています。ここでは、黒猫は瀕死者の魂を狙う悪魔と同一視されています。つまり悪魔と無垢な鳩との対比です。

1193年に宗教生活を選んだ詩人の**ゴーティエ・ド・コワンシー**は、“石炭袋よりも黒い猫たち”が、瀕死の者たちを取り囲んだとはっきりと示す事柄を記しています。

12世紀のベルギーの伝説は、悪魔を受け入れ、黒猫に姿を変えた若い娘について語っています。娘は可憐な衣装で祭りに参加し、媚を売って人々に近づくと、首にネックレスをまきつけて絞め殺したのです。その娘が埋葬されるとき、棺はひどく重かったのだとか。審問はすさまじく、棺がこじ開けられると、そこから逃げ出したのは……巨大な黒猫でした。そこに若い娘の遺体の痕跡はなかったのです。

ある伝説によると、ある漁師が神に魚を贈ると誓いました。でも、網には1匹の黒猫しかかかりませんでした。どうしようか考えた挙句、漁師はネズミを退治させようと、黒猫を家に連れ帰ります。ところが、黒猫は家族全員を絞め殺してしまいました。

いくつかの物語では、魔法使いは毒を精製するために、猫の脳みそを用いるとされています。

ヨーロッパの国々に伝わる多くの民話では、黒猫の歯は有毒で、しっぽは食すと命にかかわり、肉は毒性があるとされています。

その昔、**埋葬**に向かうとき、葬列が黒猫の行く手を阻むと、黒猫はその邪悪なパワーにより、参列者の1人の死を引き寄せると言われていました。ですから、黒猫を見かけたら、葬列は進む方向を変えて最悪の事態を回避したのです。

Le chat noir, compagnon des sorcières

黒猫、魔女たちのお供

中世には象徴体系に代わるものすべてにおいて、黒猫はごく頻繁にあらゆる形の不幸だけではなく、女性や腹黒さとも結びつけられました。この時代、この“悪魔”の動物は、魔女たちの動物でもありました。魔女たちの治癒者としての能力は黒魔術から、つまりは冥府の助けなしには発生しないことがよくあったので、魔女たちは悪魔と密接に結びつけられたのです。

魔女たちと黒猫は、必ず一緒でないと出掛けないほど結束が固かったとも言われていました。黒猫は**サバト**（魔法使いと魔女の夜の集会）に行く魔女を背中に乗せて運んだり、車を引く役割を担いました。そして、ある種の集会に出席する折には、魔女たちは黒猫に姿を変えるとも言われていました。

アレクサンドラ・デュマ作
『La Maison de Savoie（サヴォワ家）』の挿絵、1852年。

こうした事柄は、1561年に行われた**ヴェルノンの魔女たち**の裁判によって詳細に述べられました。彼女たちは集会の場である古い城で、黒猫に変身することを素晴らしいと思っていました。実際、ある言い伝えによると、ある晩、4人の若者が城に忍び込み、真夜中に黒猫の群れに襲われたといいます。でも、けがをした若者たちは、逃げることが出来ました。翌朝、城の周辺に、前夜に若者たちが黒猫に負わせたのと同じ傷跡のある数人の女性がいたというのです。でも、彼女たちが拷問を受け、想像力が豊かすぎる人々を満足させるような行為を白状したことについては語られていません。彼女たちや黒猫に対する、行政側による残虐な仕打ちを正当化するために、人々は彼女たちに悪魔的な行動を探し求めたのです。

言い伝えによると、魔女たちは黒猫に授乳させるために、**3つ目の乳房**を有していたと言われています。こうして、サタンから与えられたパワーを、魔女たちは黒猫と共有できたのです。自分の血を黒猫になめさせた魔女もいたと言われています。

12世紀、人々は**魔女が黒猫に変身する**と信じていました。魔女が黒猫に姿を変え、恐ろしい叫び声を上げながら暖炉や窓から家の中に入り込み、子供をさらったと断言する人もいました。

Le chat noir, un mauvais présage
黒猫、不吉の前触れ

アメリカでは、毛色が黒だろうが何だろうが、朝、猫とすれ違うのを好みません。その日が悪い日になる前触れだと言われているからです。

トルコでは、黒猫を見ると、けんかや対立の前触れだと考えられていました。

ペルシャでは（他のアラブ世界でも同様ですが）、黒猫とすれ違うのは、大きな不幸の前触れだと信じられていました。

フランスでは、黒猫が目の前を左から右に横切ったら、大きな不幸が起きるサインだと言われています。迷信深い人の中には、この“不幸”を払いのけるために十字を切る人もいます。この迷信の起源は驚くほど最近です。

イタリアと同様にプロヴァンス地方では、飼い猫の黒猫が姿を消すと、その家族には死の危険があります。

船乗りが船に乗る前に猫とすれ違うと、その漁は水揚げがほとんどないとされています。

発祥国の知れない、黒猫にまつわる迷信はほかにもあります。また、黒猫のお尻（後ろ姿）を見ると、不幸を呼ぶと言われています。

LE CHAT NOIR, UN PORTE-BONHEUR

幸福のマスコット

—

長らく人々から忌み嫌われ、迫害されてきた黒猫は、
次第に世界中の人に幸福のマスコットと認識されるようになります。

En France et en Europe

フランス＆ヨーロッパ

フランスの多くの地方―パリ盆地、ジロンド県、ロアール=アトランティック県、ミディ地方では、黒猫は飼い主の家族にとって幸福をもたらす動物だと見なされることがとても多いのです。婚礼の朝、花嫁のそばで猫がくしゃみをすると、幸せな結婚になるといいます。

ベアルン地方［ポーを中心とする南仏の旧州］では、黒猫は幸福のマスコット。黒猫には、魔法使いや魔女を遠ざける不思議なパワーが与えられていると信じられています。

Le Petit Chat
On le cajole à deux,
Monsieur surtout l'adore
Et tout à fait heureux.
Le petit chat dit: Encore!...
DIX
PARIS
1525

子猫
2人でかわいがります。
男性は特にこの子猫が大好き
そしてとっても幸せ
子猫は言います「もう一度」と。

バス=ブルターニュ［ブルターニュ半島西部の一部の地方］では、黒猫が白い毛を1本持っているなら、それ引き抜いた人には素晴らしい幸運が訪れると言われています。

フランス中部のブルボネ［歴史的地域。現アリエ県に相当］では、妊婦のひざの上に黒猫が乗って3回ウインクしたら、その女性は男の子を生むと言われています。

ヴォージュ山地［フランス本東部］では、猟師がうまく狙い撃ちをするのを妨げるために、その猟師の獲物袋の中に黒猫の左足を隠しました。こうした慣習や言い伝えには、論理が矛盾していることがよくあります。動物を殺させないようにするために別の動物を殺すとは……。

オーヴェルニュ地方では、満月の夜にメスの黒猫とすれ違うのは吉兆のサイン。金貨の詰まった財布をもたらしてくれると言われています。

スコットランドでは、迷い子の黒猫が家の軒下に逃げ込むと、その家の住人に繁栄と幸福をもたらすと言われています。

ベルギーとルクセンブルク大公国では、猫の中では黒猫がいちばんよく、他の猫よりネズミをたくさん捕まえる能力があると言われています。

ワロン語地域［ベルギー南部のフランス語圏］では、生まれた子猫のうち1匹が黒猫なら、それは幸運と繁栄のサインだと言われています。その逆に、黒猫が入っていない場合は、いろいろな問題を招くのです。

オランダでは、自宅で子猫が生まれたら、そのうちの黒猫を隣人に贈ると、“隣家に幸運を呼び入れる”と言われます。

Le Japon et le maneki-neko

日本と招き猫

日本に猫がもたらされたのは、仏教伝来と同じ時代の6世紀。でも、猫が神聖な動物になったのは999年9月19日のこと。この日、一条天皇に猫が贈られました。一条天皇は無類の猫好きで知られています。日出ずる国では、猫は幸運をもたらすと見なされています。とくに、毛色が何色であれ、“亀の甲羅”模様のような三毛猫であるなら。

一つ確かなのは、日本人は猫に対して賞賛の念を抱いているということです。歌川広重（1797～1858）や歌川国芳（1798～1861）、北川歌麿（1753～1806）など、たくさんの浮世絵師が数多くの作品の中で猫を描き、毛色が黒であることも珍しくありません。

そもそも、招き猫が生まれたのは日本においてです。しっぽをぐるりと巻いたジャパニーズ・ボブテールをモデルにした招き猫は、幸運をもたらすマスコットにほかなりません。この**伝統的な置き物**は、そのほとんどが陶器か磁器製ですが、お土産屋さんではプラスチック製も珍しくありません。このユニークな猫はお座りをしていて、右手または左手を耳の高さまで持ち上げています。

招き猫は店のショーウインドー（店頭）はもとより、ショッピングセンターやパチンコ店のレジの傍らにも置かれています。招き猫は家庭にも置かれていますが、貯金箱やキーホルダー、あるいは他の実用または非実用のアイテムに姿を変えています。

“招き猫”とは、招じ入れるという意味。ですから福を招くと見なされているのです。左手を上げているものは客を招くとされ、右手を上げているものは、金運を招くとされています。両手を上げているものもあります……。上げている手が高ければ高いほど、幸運を招きます。

招き猫は意外な色のものも含め、色のバリエーションがあり、それぞれ意味が異なります。
ー三色：幸運を呼ぶパワーが強力。招き猫としては最も一般的な色。
ーグリーン：学業の成就。
ーピンク：恋愛運が上がる。
ーゴールド：お金持ちになれる。
ーホワイト：純潔のシンボル。
ーレッド：病封じと厄除け。

もちろん黒い招き猫もあります。魔除け厄除けの効果もあります。

En Angleterre
イギリス

イギリス人は、黒猫に美徳とパワーが備わっていると信じています。彼らが黒猫に対してどれほど好意的かは容易にうかがえます。イギリス人にとって、黒猫は幸福と同義語なのです！

また、イギリス北部では、黒猫を見たら幸運が舞い込むと言われているので、願い事をするのが習わしです。

家や船に逃げ込んだ黒猫は、金運だけではなく幸運も招きます。ただし、追い出さなかった場合に限ります。

ギャンブルマニアは、黒猫の毛を身に着けるか、または賭け事に出掛ける前に黒猫の背中を７回なでるとよいとされています。宝くじの券で黒猫の背中をなでると、当たるかもしれません……。

黒猫は幸運を呼ぶとされており、若い女性が黒猫と一緒に暮らすと、たくさんの男性からアプローチを受け、良縁に恵まれると言われています。また、黒猫でなくても猫柄プリントの服を着るのも、幸運を引き寄せる方法です。

En Amérique
アメリカ

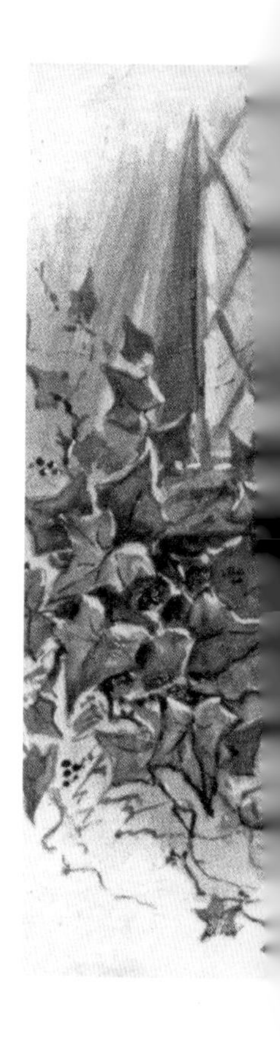

アメリカ人は、頭部の白い黒猫がとくに好きなようです（アメリカの漫画やアニメーションにもよく登場します）。家で黒猫を飼うと、家族に幸運が訪れると言われています。実際、この猫は家庭に幸福をもたらし、火災からも守ってくれます。

幸運を引き寄せるラッキーアイテムとして、黒猫をモチーフにしたピンバッチやブローチもたくさんあります。

また、黒猫の白い毛を何本か引き抜いて、小さなポシェットに入れ、首から下げるのもよいとされています。好ましくないものや、迷える魔女から身を守るお守りとして。

またアメリカでは、黒猫には恋人を取り戻すパワーがあるとされています。その"レシピ"は、黒猫を数分間籠に閉じ込め、その上に座り、いとしい人のことを強く想いながら3回唱える。「いとしいあなた、戻っ

I've · just · popped · in ·
· bring · You · Good · Luck ·

て来て」と。このやり方で恋人が戻ってくるかは定かではありませんが……。でも、試す価値はありです。

Ailleurs dans le monde

他の国々

紀元600年、預言者ムハンマドは、魚釣りをしているときに、いつも猫を抱っこしていました。黒猫かどうかは分かりませんが、当時猫は神聖なものとされていたのです。実際、ムハンマドはある日、毒蛇にかまれるところを猫に救われたといいます。

ブラジルでは、豊穣と創造の女神であるナナンは、猫の守護神でもあります。バイア州の州都サルヴァドールでは、黒猫は守護のパワーがあるとされ、特に崇拝されています。

中国では、黒猫は悪霊から守るとされています。紀元前500年ごろ、孔子は猫を飼っていました。

カンボジアでは、強烈な乾期の後、黒猫が現れると雨の前触れだと言われています。

タイでは、あらゆる色の混じった猫には、地震を予知し、その時期まで予測する能力があると考えられています。ですが、2004年12月にタイを襲ったスマトラ沖地震の津波の際には、猫だけでなく、あらゆる動物が天変地異を“予知”したのは皆さんもご存知でしょう。

中央アフリカでは、“医者”が使用する袋は、長きにわたり、黒猫の皮で作られていました。

どこの国が発祥かは不明ですが、黒猫にまつわる迷信は他にもあります。例えば、黒猫の顔を見ると幸運が舞い込むとか。あるいは、小道を渡るとき、黒猫が通った直後に渡り、願い事をするとかなうとか！

LE CHAT EN MER

海の猫たち

―

海原に立ち向かう船乗りたちの中には、
とても迷信深い人が多いもの。
半端でないほどの勇気で漕ぎ出すのですから、
お守りなどあらゆる方法で身を守り、
ちょっとしたサインにも慎重に注意を払わねばなりません。
この海の男たちの迷信は、歴史の黎明期にまで遡りますが、
今日(こんにち)でもやはり根強く残っています。

冒険家であれ漁師であれ、船乗りたちは動物を嫌っていました。ウサギをひどく恐れており、船上でその名を口にすることが禁じられたほど。実際、ウサギはひどく貪欲で、漁網やロープをかじったのです。他の齧歯類と同様に、ネズミもまた、乗組員にとっては不安の種でした。漁網をかじるよりむしろ、とりわけ食糧を襲う可能性があり、また病気を蔓延させ船一隻を台無しにするかもしれなかったのです。

Le chat, l’allié des marins

猫、船乗りたちの友

ネズミを退治してくれる猫は、こうしたわけで船乗りたちの友となりました。そして猫を乗せずに――必ず黒猫も――出向する船は一隻もなかったのです。ジェノヴァの保険会社は、船の食料と状態が守られるよう、乗組員の一員として猫を加えることを要請しました。15世紀、ヴェネチアの船についても同様になり、水夫は“猫の番人”とさえ呼ばれたのです。水夫は猫たちが何一つ不自由のないよう、そして猫たちが実際に働いて自分たちをネズミから守ってくれるよう、常に気を配りました。海軍大臣でもあったコルベール（1619～1683）［ルイ14世の財務総監］もまた、猫が船の乗組員の一員であることを要求し、この有名な言葉を記しました。「船を航行させるには、猫を2匹乗船させるべし」。

船に猫を乗せるというこの風習は、8000年以上昔の古代エジプトにまで遡ります。古代エジプト人は、ナイル川や海を渡るときに、彼らを守ってくれるこれらネコ科動物を船に乗せるよう心がけていました。そもそも猫がヨーロッパにもたらされたのは、こうしたわけなのです。

船と猫にまつわるエピソードをご紹介しましょう。誰も働く人がいなくなった船は、打ち捨てられたと見なされました。この場合、その船を発見した人（または人々）は、その船を合法的に所有でき、無法者になることはありませんでした。「猫一匹いない（人っ子一人いない）」という表現は、この風習から生まれたのかもしれません。乗組員はいなくても、猫が1匹船にいれば、その船は打ち捨てられたということにはなりませんでした。

Le chat, la mascotte du navire
船のマスコット

船での黒猫の使命は、ネズミを狩ることだけではありませんでした。**船のマスコット**だったのです。18世紀から20世紀、イギリスの船舶台帳には黒猫の名前が明記されていました。正真正銘、乗組員の一員と見なされていたのです。1688年創業のロンドンのロイズ保険会社は、船舶に関わる契約の中で、しかるべき数の猫（うち1匹は必ず黒猫）を乗船させなければその船舶は保険で補償さ

H.M.S

れないと明記していました。猫の数は、船舶の大きさと食料の量に従い正確に算出されました。イギリス海軍のペンブローク号は、何年にもわたり、「**チャーリー**」という名の黒猫を乗船させていました。このオス猫は乗組員たちのまさにマスコットでした。この船は、1755年のアカディア人［イギリスへの忠誠を拒否した、現メイン州のフランス系入植者］の強制移送のときに名を馳せました。チャーリーは死後、軍から敬意を表されてしかるべきでした。

20世紀、戦艦に乗船していた黒猫たちが有名になりました。

とても利口な「**ピーブルス**」は、フリゲート艦のHMSウェスタン・アイルス号に乗船し、マスコットとして軍の士気を高めることに一役買いました。1944年、海軍大尉と一緒に輪っかを飛び越える様子が写真で残っています。

HMSアルガス号で生まれた「**ティドゥルズ**」は、空母に生涯乗船しました。左ページの写真では、HMSヴィクトリアス号のお気に入りの監視ポスト、後方キャプスタン（巻き揚げ機）の上にいます。ティドルスはここでよく小鈴の紐で遊んでいました。

HMSプリンス・オブ・ウェールズ号のマスコット、「**ブラッキー**」は1941年8月、ウィンストン・チャーチル（1874～1965年）［イギリスの政治家、軍人、作家］に会うという名誉に浴しました。同艦が、ニューファンドランド州の沿岸の沖合で、チャーチルとアメリカのルーズベルト大統領の大西洋会談の場所となったからです。首相がアメリカ国歌を聴いているとき、ブラッキーはうろつき回り、係留されていたアメリカの駆逐艦の方に向かいました。これを見たチャーチルは、大慌てでブラッキーを抱き上げ制止しました。それでもHMSプリンス・オブ・ウェールズのマスコットだったのです。

La crainte des marins francais

フランスの船乗りたちの恐れ

　これに対し、**フランスの船乗り**たちは黒猫を恐れました。今まで見てきたように、ネズミから食糧やロープ、網を守るため、猫を船に乗せるのは有意義なことだというのに……。もし、出航間際の船に黒猫がたまたま近づいたとしたら、出航を見合わせることにもなりかねませんでした。でも、被毛の色が何であれ、もし猫が勝手に船に押しかけたら、船乗りたちはその猫を飼わねばなりませんでした。船から追い出すと悪い兆しのしるしとなり、船と乗組員が嵐や禍の危険にさらされ、命からがらの脱出をする羽目になると言われていたからです。

19世紀末、エピナル画
［Imagerie d' Epinal製の
版画］。
型染め木版画

DES VERTUS EXORCISTES
ET THÉRAPEUTIQUES
悪魔祓いと治療に関する効力

—

そんなまさか！　黒猫にまつわる逸話のうち、
もちろん昔の民間伝承によるものですが、
黒猫には悪魔祓いと治療に関する効力があるというのです。

黒猫の不吉なイメージは、ある時代には民間信仰と結びつき、きわめて奇妙でありえないような迷信を増長させました。その一方で、黒猫には病気を癒す効力もあると言われていたのです。

−黒猫の脳みそは極めて有毒。食べると発狂するほどに理性を失わせた。
−黒猫のファーを身に着けると痩せる効果がある。当時、痩せているのは貧しさの証しで、太っているのは金持ちの証しとされていた。

−12世紀の写本には、黒猫の睾丸と塩一握りで、悪魔を遠ざけることができると記されている。

−黒猫の皮を体に巻くと、リューマチが治ると言われていた。

−激しい転倒をしたときの効果的な治療法は、黒猫のしっぽを切り取り、その血をすする。

−黒猫の心臓を左腕に張りつけると、あらゆる痛みを消す効力があると考えられていた。

今日では、黒猫にかぎらず、猫と一緒にいることの効用が研究によって明らかにされています。

たとえば、猫を飼っている人は、飼っていない人よりも心臓発作で死亡するリスクが低く、ストレスを感じにくいと言われています。また、猫がゴロゴロ喉を鳴らす音を聞くと、うつ病の治療や症状の緩和に役立つほか、骨密度を高めたり、血圧を下げたりする効用もあります。これらの効用は、「ロンロンセラピー（猫のゴロゴロセラピー）」と呼ばれます！

さらに、猫をなでることにも同様の効果があり、日本での「猫カフェ」の流行にもひと役買っています！

CRÉDITS PHOTOGRAPHIQUES

写真クレジット

iStock : couverture et pp. 5, 6, 8-9, 17, 20, 21, 26, 31, 39, 41, 42, 45, 46, 47, 50, 51, 53, 60-61, 66-67, 74-75, 77,7 78, 81(cadre), 82-83, 86-87, 92, 96-97, 99, 112, 121, 124, 131, 133
DR : pp. 11, 89
Leemage : pp. 12-13 : DeAgostini ; 14 : Photo Josse ; 19 : Selva ;
37 : Selva ; 65 : Bianchetti ; 73 : PrismaArchivo ; 91 : Gusman ;
100-101 : Ravena ; 128 : PV Collection/Alamy ;
129 h : British Library Board ; 129b Duvallon ;
Photo12 : pp. 25 : Hachede ; 28-29 : YAY Media AS/Alamy ;
59 : Lordprice Collection/Alamy ; 67 : Hachede ; 69 : Richard Peters/
Alamy ; 114 : Elizabeth Cole/Alamy ; 118-119 : Beryl Peters Collection/
Alamy, 123 : Bobbie Lerryn/Alamy, 126 : David McGill/Alamy
Karbine-Tapador : pp. 49 : Collection Grob ; 81 : Collection IM ;
103 : Collection Karbine-Tapador ; 107 : Collection Karbine-Tapador ;
111 : Collection Karbine-Tapador
Mairie de Saint-Philibert : p. 62

Direction : Guillaume Po
Direction editoriale : Elisabeth Pegeon
Edition : Justine Magnain assistee de Camille Vue
Direction artistique : Mathieu Tougne
Adaptation graphique et mise en pages : Editedito
Direction de fabrication : Thierry Dubus
Suivi de fabrication : Florence Bellot

Acheve d' imprimer en Chine en février 2021

著者プロフィール

ナタリー・セメニーク（Nathalie Semenuik）

ジャーナリストとして長きにわたり、野生生物関連の雑誌に記事を寄稿。特に猫を専門とし、中でも黒猫のミステリアスな存在に惹かれ、本書の底本となる『魅惑の黒猫』（弊社刊）を執筆するに至った。

邦版参考文献

『リルケ全集　第3巻　詩集III』塚越敏監修（河出書房新社）
『猫百話』柳瀬尚紀編（筑摩書房）
『若きフランスたち ー諧謔小説集ー』テオフィル・ゴーチエ 著・井村実名子訳（国書刊行会）

ひみつの本棚シリーズ

魅惑の蘭事典
世界のオーキッドと秘密の物語
ISBN:978-4-7661-3422-3

神秘のユニコーン事典
幻獣の伝説と物語
ISBN:978-4-7661-3522-0

禁断の毒草事典
魔女の愛したポイズンハーブの世界
ISBN:978-4-7661-3649-4

魔女の秘薬事典
忌々しくも美しい禁断のハーブ
ISBN:978-4-7661-3788-0

夢幻の動物事典
魔法の生きものか、それとも悪魔か
ISBN:978-4-7661-3928-0

カバラの天使事典
天界と地上を結ぶ72の守護者
ISBN:978-4-7661-3929-7

月夜の黒猫事典

～知られざる歴史とエピソード～

2023年7月25日　初版第1刷発行
2024年11月25日　初版第4刷発行

著者　ナタリー・セメニーク
(©Nathalie Semenuik)

発行者　津田淳子
発行所　株式会社グラフィック社
〒102-0073
東京都千代田区九段北1-14-17
Phone 03-3263-4318
Fax 03-3263-5297
https://www.graphicsha.co.jp

制作スタッフ
翻訳　柴田里芽
組版・カバーデザイン　神子澤知弓
編集　金杉沙織
制作進行　本木貴子・三逵真智子(グラフィック社)

ISBN 978-4-7661-3787-3 C0076
Printed in China

※本書は、弊社既刊『魅惑の黒猫 ―知られざる歴史とエピソード』を再編集し、加筆・訂正したものです。